Eichung der Binnenschiffe.

Herausgegeben im Reichsamt des Innern.

Springer-Verlag Berlin Heidelberg GmbH
1913

ISBN 978-3-662-33631-1 ISBN 978-3-662-34029-5 (eBook)
DOI 10.1007/978-3-662-34029-5

Inhaltsverzeichnis.

Bekanntmachung	5
Eichordnung für die Binnenschiffahrt auf der Elbe	7
Ausführungsbestimmungen zur Eichordnung für die Binnenschiffahrt auf der Elbe	16
Protokoll-Formular	35
Eichschein-Formular	45

Bekanntmachung,

betreffend die Eichordnung für die Binnenschiffahrt auf der Elbe.
Vom 15. Juli 1913.

Der Bundesrat hat in seiner Sitzung vom 26. Juni 1913 auf Grund des Artikels 4 Ziffer 9 der Reichsverfassung beschlossen, der nachstehenden Eichordnung für die Binnenschiffahrt auf der Elbe und den dazugehörigen Ausführungsbestimmungen mit folgenden Maßgaben die Zustimmung zu erteilen:

1. Als Revisionsbehörde nach § 13 der Eichordnung für die Binnenschiffahrt auf der Elbe wird im Gebiete der deutschen Elbuferstaaten das Kaiserliche Schiffsvermessungsamt in Berlin bestellt.

    Das Schiffsvermessungsamt ist befugt, die von den deutschen Elbuferstaaten eingesetzten Eichbehörden für die Binnenschiffahrt auf der Elbe hinsichtlich der Handhabung der Eichordnung mit technischen Anweisungen zu versehen, für solche Schiffe, auf deren Konstruktionsart einzelne Vorschriften der gegenwärtigen Eichordnung nicht anwendbar sind, zu bestimmen, in welcher Weise die Eichung geschehen soll, von den Aufzeichnungen und Berechnungen der Vermessungsbehörden Einsicht zu nehmen und die Abstellung der dabei vorgefundenen Mängel herbeizuführen.

    Die Mitglieder des Schiffsvermessungsamts können der Aufnahme der Messungen beiwohnen.

Sämtliche Eichprotokolle sind zur Vornahme von Revisionen nach Stichproben dem Schiffsvermessungsamt einzureichen.

2. Die Revisionsbehörde hat sich mit einem Satze der in den Ausführungsbestimmungen zu § 6 unter A bezeichneten Meßwerkzeuge zu versehen. Diese Meßwerkzeuge gelten als Probemaße.

Jede Neubeschaffung von Meßwerkzeugen (vgl. Ausführungsbestimmungen zur Eichordnung zu § 6 A. 1. unter Ziffer I bis VI, VIII und XVI) erfolgt auf Antrag der Eichbehörde durch die Revisionsbehörde, welche eine Prüfung und Stempelung der Werkzeuge durch die Kaiserliche Normal-Eichungskommission zu veranlassen hat.

Berlin, den 15. Juli 1913.

Der Reichskanzler.

Im Auftrage: von Jonquières.

Eichordnung für die Binnenschiffahrt auf der Elbe.

§ 1.

Voraussetzung für die Vornahme der Eichung ist:

1. daß das Schiff in seinem gegenwärtigen Zustand noch nicht nach dieser Eichordnung geeicht ist, oder, daß bei einem nach dieser Eichordnung geeichten Schiffe im Verlaufe der Eichprüfung sich eine Neueichung als erforderlich erweist, oder, daß ein nach dieser Eichordnung für das Schiff ausgestellter Eichschein in den im § 9 bezeichneten Fällen öffentlich ungültig erklärt worden ist;
2. daß das Schiff mit der vollen Ausrüstung versehen ist.

§ 2.

Das Eichverfahren beginnt mit der Festsetzung der Leerlinie, d. h. derjenigen Linie, bis zu welcher das mit voller Ausrüstung und mit der erforderlichen Mannschaft belastete Schiff in sonst unbeladenem Zustand eintaucht. *Eichverfahren.*

Bei Dampfschiffen gehört zur vollen Ausrüstung die betriebsmäßige Füllung der Kessel. Soweit es hieran fehlt, wird das Schiff mit entsprechendem Gewichte belastet.

Das Schiff muß sich in normaler Schwimmlage befinden (vgl. Ausführungsbestimmung zu § 2 unter 2).

Bei stark hinterlastigen Schiffen, die beladen gleichlastig schwimmen, ist außerdem zu versuchen, sie vor der Eichung durch Verschieben von Gewichten in eine mehr gleichlastige Lage zu bringen.

§ 3.

Annähernd in der Mitte und auf $^1/_7$ der Länge der Leerebene von vorn und hinten werden an jeder Seite des Schiffes senkrecht zum Wasserspiegel Tiefgangsanzeiger — § 11 der Polizeiordnung für die Schiffahrt und Flößerei auf der Elbe — angebracht, auf welchen jedes zehnte Zentimeter und das Ende der Tiefgangsanzeiger durch eine Marke, die weiter von zwei zu zwei Zentimeter durchzuführende Einteilung nach Vorschrift der Ausführungsbestimmung zu § 3 unter 5 durch Farbe, bezeichnet wird.

Der Tiefgangsanzeiger erhält den Nullpunkt bei plattbodigen Fahrzeugen in der äußeren Fläche des Schiffsbodens an der Anbringungsstelle. Bei Kielfahrzeugen oder bei solchen mit einem Boden, der von der Mitte nach den Seiten zu ansteigt, liegt der Nullpunkt jedes Tiefgangsanzeigers im tiefsten Punkte des Querschnitts, den man sich durch das Schiff in der Anbringungsstelle des Tiefgangsanzeigers gelegt denkt, also bei Kielfahrzeugen ab Unterkante Kiel.

Der mittschiffs angebrachte Tiefgangsanzeiger reicht bis zu der oberen Eichebene. Die vorn und hinten angebrachten Tiefgangsanzeiger reichen 20 cm höher hinauf.

Die obere Eichebene ist die wagerechte Ebene, welche unter dem tiefsten Punkte der Bordoberkante dergestalt durch den Schiffskörper gelegt wird, daß das Schiff 25 cm freie Bordhöhe behält, wenn es dabei mehr als 15 Tonnen Tragfähigkeit hat. Ergibt sich bei 25 cm freier Bordhöhe aber eine Tragfähigkeit von 15 Tonnen oder weniger, so soll die freie Bordhöhe nur 15 cm betragen. Bei Schiffen mit festem Deck werden wasserdicht aufgesetzte Scherstöcke der Luken in die Bordhöhe mit eingerechnet, jedoch darf die obere Eichebene nicht höher liegen als das Schandeck. Bei Dampfschiffen ist die freie Bordhöhe vom tiefsten Punkte der am tiefsten liegenden Fensteröffnung abwärts zu messen.

Bei stark hinterlastigen Fahrzeugen, die vor der Eichung nicht in eine gleichlastige Lage gebracht werden können, wird die obere Eichebene in einem solchen Abstand vom mittleren geraden Teile des Bodens durch den Schiffskörper gelegt, daß das Fahrzeug bei gleichlastiger Beladung möglichst den bei der Eichung vorgeschriebenen Freibord behält (vgl. Ausführungsbestimmung zu § 3 unter 6, Abs. 3).

§ 4.

Als Eichraum gilt der Raum, welcher
von der durch die Leerlinie gehenden Ebene (Leerebene),
von der oberen Eichebene und
von den zwischen diesen beiden Ebenen liegenden
Außenseiten der Schiffswandung begrenzt wird.

§ 5.

Behufs Feststellung seiner Größe wird der Eichraum in halber Höhe zwischen der Leerebene und der oberen Eichebene mittels einer wagerechten Ebene (die mittlere Einsenkungsebene) in zwei Eichschichten geteilt.

§ 6.

Der Raumgehalt des Eichraums und einer jeden von beiden Eichschichten wird nach näherer Vorschrift der Ausführungsbestimmungen in Kubikmetern ermittelt.

§ 7.

Das Gewicht einer Ladung beträgt soviel Tonnen (zu 1000 kg), als der damit zur Eintauchung gebrachte Eichraum Kubikmeter enthält.

§ 8.

Für das geeichte Schiff wird ein Eichschein ausgefertigt, welcher für jede zur Leerebene parallele Eintauchung des Schiffskörpers nach je 2 cm des Tiefganges von der Leerebene bis zur oberen Eichebene das Ladungsgewicht in Tonnen (zu 1000 kg) angibt. Der Eichschein muß ferner enthalten die Tragfähigkeit bis zur oberen Eichebene, derart auf ganze Tonnen abgerundet, daß angefangene Tonnen für voll gerechnet werden.

Vor Ausfertigung des Eichscheins ist neben dem höchsten Punkte jedes Tiefgangsanzeigers das Eichzeichen anzubringen; außerdem ist das Schiff an denjenigen Stellen, an denen sich die durch Polizeiordnung für die Schiffahrt und Flößerei auf der Elbe vorgeschriebene Bezeichnung (§ 6 a. a. O.) befindet, in gleicher Ausführung der Buchstaben und Ziffern mit einer Inschrift zu versehen, welche die nach Abs. 1 auf ganze Tonnen abgerundete Tonnenzahl bis zur oberen Eichebene, die Nummer, unter der das Schiff in das Eichverzeichnis eingetragen ist, sowie das Eichzeichen angibt.

Das Eichzeichen enthält den Anfangsbuchstaben des Stromes, zu dessen Flußgebiete die Eichbehörde gehört, und des Heimatstaats der Eichbehörde sowie den Anfangs- und Endbuchstaben des Ortes, an dem die Eichbehörde ihren Sitz hat.

§ 9.

Eichprüfung Geeichte Schiffe werden auf Antrag einer Eichprüfung unterzogen, um festzustellen, ob ihr Zustand noch den Angaben des Eichscheins entspricht.

Eine Eichprüfung muß erfolgen:
1. spätestens drei Monate nach Vollendung jedes Umbaues, nach jeder größeren Ausbesserung des Schiffes

sowie nach jeder größeren Beschädigung oder Beseitigung der Tiefgangsanzeiger oder der aufgestempelten Eichzeichen;

2. ohne daß das Schiff Veränderungen erlitten hat, bei Schiffen, die zumeist aus Holz erbaut sind, spätestens fünf Jahre, bei Schiffen, die zumeist aus Eisen oder Stahl erbaut sind (auch bei eisernen Schiffen mit hölzernem Boden), spätestens zehn Jahre nach der Ausfertigung des Eichscheins.

Zur Stellung des Antrags auf Eichprüfung ist außer dem Schiffseigentümer oder Schiffer auch die Schiffahrtspolizeibehörde befugt, wenn sie Veränderungen der unter Ziffer 1 erwähnten Art festgestellt hat. Zum Zwecke einer von der Schiffahrtspolizei beantragten Eichprüfung soll die Entlöschung beladener Fahrzeuge während der Reise nicht verlangt werden.

Unterbleibt die Eichprüfung in diesen Fällen, so wird die geschehene Eichung ungültig.

Ungültig gewordene Eichscheine sind einzuziehen. Wird der ungültige Eichschein nicht zurückgeliefert, so ist seine Ungültigkeit öffentlich bekanntzumachen. Die Kosten der Veröffentlichung werden vom Schiffseigentümer dann eingezogen, wenn ein neuer Eichschein ausgestellt worden ist.

Die Eichscheine zerschlagener Fahrzeuge sind von ihrem letzten Eigentümer an die Eichbehörde, die das Fahrzeug zuletzt eichte oder prüfte, zurückzugeben.

§ 10.

Zur Vornahme der Eichprüfung wird das Schiff in die normale Schwimmlage (§ 2) gebracht. Sodann wird zunächst untersucht, ob das Schiff seit der letzten Eichung eine bauliche Veränderung erfahren hat, die auf das Ergebnis der Eichung Einfluß hat, und ob die Tiefgangsanzeiger noch in der Vollständigkeit vorhanden sind, um die im Abf. 3 vorgeschriebene Untersuchung auszuführen.

Ergibt sich dabei eine derartige bauliche Veränderung oder fehlen die Tiefgangsanzeiger in solchem Umfang, daß sie nicht ergänzt und dadurch für die weitere Prüfung nicht wieder nutzbar gemacht werden können, so wird das Schiff neu geeicht.

Anbernfalls wird untersucht, ob der Leertiefgang des Schiffes sich geändert hat.

Ist der Leertiefgang gegenüber den Angaben des Eichscheins nach den Ablesungen an den sechs Tiefgangsanzeigern im Durchschnitt mehr als drei Zentimeter größer oder kleiner geworden, so wird der Nachweis der Tragfähigkeit usw. im Eichprotokoll geändert und ein neuer Eichschein ausgefertigt.

Ist der durchschnittliche Leertiefgang dagegen nur um drei Zentimeter oder weniger als drei Zentimeter größer oder kleiner geworden als der im Eichschein angegebene, so wird die Änderung des Nachweises der Tragfähigkeit nur auf besonderen Antrag des Eigentümers oder des Führers des Schiffes ausgeführt und ein neuer Eichschein ausgefertigt.

Wird ein solcher Antrag nicht gestellt, so bleibt die geschehene Eichung nach Maßgabe des § 9 unter 2 auf weitere fünf oder zehn Jahre gültig. Das Ergebnis der Prüfung wird in dem Eichschein unter 4 vermerkt, die neue Gültigkeitsdauer unter 1. 4. eingetragen, die Angaben unter 1. 3. und über die Gültigkeitsdauer der vorausgegangenen Eichung oder Eichprüfung gestrichen und die Eichprüfung auf der letzten Seite 7 oder 8 des Eichscheins bescheinigt.

§ 11.

Nach Abschluß jeder Eichprüfung hat die Eichbehörde das Schiff, soweit es ihr Eichzeichen nicht bereits trägt, nach Vor-

— 13 —

schrift des § 8 unter Tilgung älterer Eichzeichen zu stempeln. Gleichzeitig sind die Inschriften des Schiffes hinsichtlich des Eichzeichens und nötigenfalls der Nummer und der Tonnenzahl bis zur oberen Eichebene zu berichtigen.

§ 12.

An geeigneten Stellen werden Eichbehörden bestellt. Sie haben diejenigen Schiffe zu eichen und zu prüfen (§ 9), welche ihnen dazu bereitgestellt werden. *Eichbehörden.*

An Stelle besonderer Eichbehörden kann jeder Uferstaat mit deren Obliegenheiten andere Behörden betrauen.

§ 13.

Über den Eichbehörden werden Revisionsbehörden bestellt. Diesen liegt ob:

1. die von den Eichbehörden vorgenommenen Messungen und Berechnungen von Amts wegen durch Stichproben oder auf Beschwerde des Schiffseigners zu prüfen und nach Befinden zu berichtigen,
2. die von den Eichbehörden angewendeten Meßwerkzeuge von Zeit zu Zeit zu prüfen.

§ 14.

Die Eichung oder Eichprüfung eines Schiffes ist von dem Eigentümer oder dem Schiffer bei derjenigen Eichbehörde, welcher das Schiff bereitgestellt werden soll, schriftlich zu beantragen.

Dem Antrag ist

1. der etwa früher für das Schiff schon ausgestellte Eichschein,

2. die Angabe der für das Fahrzeug erforderlichen Mannschaftszahl,
3. ein Verzeichnis der zur vollen Ausrüstung gehörigen Gegenstände

beizufügen.

Der Eigentümer oder Schiffer hat der Eichbehörde das Schiff unbeladen vorzuführen und dieser jede Hilfe zu gewähren, welche für die Durchführung des Verfahrens beansprucht wird.

§ 15.

Die Gebühren für die Eichung und für die Ausfertigung des Eichscheins betragen:

1. für die erste und jede wiederholte vollständige Eichung eines Schiffes für jede Tonne Tragfähigkeit 5 Pfennig.

    Der Mindestbetrag der Gebühren beträgt 2 Mark.

    Von der Eichbehörde werden die Eichnägel und die Niete zur Bezeichnung der oberen Enden der Tiefgangsanzeiger ohne weiteren Entgelt geliefert und angebracht. Das Anmalen der Tiefgangsanzeiger (§ 3) und der Inschrift (§ 8) liegt dem Antragsteller ob oder erfolgt auf seine Kosten;

2. für eine nicht zur Neueichung, sondern nur zur Änderung des Eichprotokolls und zur Erneuerung des Eichscheins führende Eichprüfung die Hälfte der Sätze unter 1;

3. für eine weder zur Neueichung noch zur Änderung des Eichprotokolls und zur Erneuerung des Eichscheins führende Eichprüfung 2 Mark;

4. für die Ausfertigung von Duplikateichscheinen sind lediglich die entstandenen Selbstkosten (Schreibgebühren u. dgl.) zu erheben.

5. Wird die Eichung oder Eichprüfung auf Antrag nicht am Sitze der Eichbehörde, sondern anderswo vorgenommen, so hat der Antragsteller nicht nur einen für die Eichung geeigneten Platz zur Verfügung zu stellen, sondern außer den tarifmäßigen Gebühren auch noch die der Eichbehörde erwachsenden baren Auslagen zu zahlen.

6. Bis die vorstehend genannten Gebühren und Kosten entrichtet sind oder Sicherheit für die Zahlung geleistet ist, kann die Aushändigung des Eichscheins verweigert werden.

§ 16.

Übergangs- und Schlußbestimmungen.

Die nach der Eichordnung von 1899 ausgestellten Eichscheine sind bei der nächsten Eichprüfung durch neue zu ersetzen, die der geänderten Bestimmung über die Anbringung der Tiefgangsanzeiger Rechnung tragen. Dabei sind die früheren Ergebnisse nach Möglichkeit zu benutzen.

§ 17.

Diese Eichordnung, welche auf Grund einer Vereinbarung der Regierungen im Deutschen Reiche und in Österreich gleichlautend erlassen wird, tritt an Stelle der Eichordnung vom 30. Juni 1899 am 1. Oktober 1913 in Kraft.

Ausführungsbestimmungen zur Eichordnung für die Binnenschiffahrt auf der Elbe.

Zu § 2.

1. Eichungen und Eichprüfungen finden in der Regel am Sitze der Schiffseichbehörde statt.

Die Behörde kann auf Wunsch das in Antrag gebrachte Verfahren auch außerhalb ihres Amtssitzes vornehmen. In solchen Fällen hat der Antragsteller einen nach dem Urteil der Behörde für das Verfahren geeigneten Platz zur Verfügung zu stellen und die Kosten zu tragen.

2. Nachdem die Masten und beweglichen Schornsteine des Schiffes niedergelegt sind, wird dasselbe an einer vor Wind, Strömung und Wellenschlag geschützten Stelle festgelegt und nötigenfalls durch Verschieben von Ausrüstungsgegenständen in die normale Schwimmlage gebracht. Die Schwimmlage ist eine normale, wenn die Symmetrieebene des Schiffes senkrecht zum Wasserspiegel steht. Bei genau symmetrisch gebauten Fahrzeugen müssen daher in der normalen Schwimmlage alle Stellen der Oberkante beider Borde, die sich rechtwinklig gegenüberliegen, gleich hoch über Wasser und alle entsprechenden Stellen des Bodens gleich tief unter Wasser liegen. Weil die Fahrzeuge aber selten genau symmetrisch gebaut sind, wird man sich darauf beschränken müssen, das Fahrzeug in eine Schwimmlage zu bringen, bei der die angeführte Übereinstimmung überwiegend vorhanden ist. Unter dem Schiffsboden muß eine Wassertiefe von überall mindestens

0,3 m vorhanden sein. Das Schiff muß, ohne irgendwo aufzuliegen oder das Ufer zu berühren, frei und ruhig schwimmen und mit einem Boote ungehindert umfahren werden können.

3. Die Höhe des Bodenwassers im Schiffsraum darf an der tiefsten Stelle bei hölzernen Schiffen nicht mehr als 5 cm, bei hölzernen Schiffen mit eisernen Spanten und bei eisernen Schiffen mit Holzboden nicht mehr als 3 cm betragen; eiserne Schiffe müssen im allgemeinen frei von Bodenwasser sein, etwa vorhandenes Bodenwasser ist soweit als möglich zu entfernen.

4. Der zur Kesselheizung erforderliche Kohlenvorrat sowie Ballast jeder Art, sobald letzterer aus dem Schiffe ohne bauliche Änderungen entfernt werden kann, gehört nicht zur Ausrüstung im Sinne dieses Paragraphen.

Zu § 3.

1. Für die Ermittlung der Nullpunkte der Tiefgangsanzeiger wird der eine Schenkel des Tiefenmaßes (zu § 6 A. 1. V), nachdem die beiden Schenkel nach dem großen Winkelmaße (zu § 6 A. 1. VI) rechtwinklig zueinander eingestellt sind, festanliegend an der Stelle unter den Schiffsboden geschoben, an der der Tiefgangsanzeiger angebracht werden soll. Nachdem der andere Schenkel nach dem Lote oder der Wasserwage in senkrechte Stellung gebracht ist, zeigt auf seiner Maßeinteilung der Wasserspiegel den Tiefgang des Schiffes an der untersuchten Stelle an. Die ermittelten Maße sind die Leertiefen, d. h. die Abstände der Nullpunkte der Tiefgangsanzeiger vom Wasserspiegel. Von diesen Nullpunkten ab werden über dem Wasserspiegel Tiefgangsanzeiger mittels des Tiefgangsteilers (zu § 6 A. 1. VIII) auf die Bordwände übertragen.

— 18 —

Figur 1.
Tiefgangsanzeiger für Fahrzeuge mit eisernen Bordwänden.

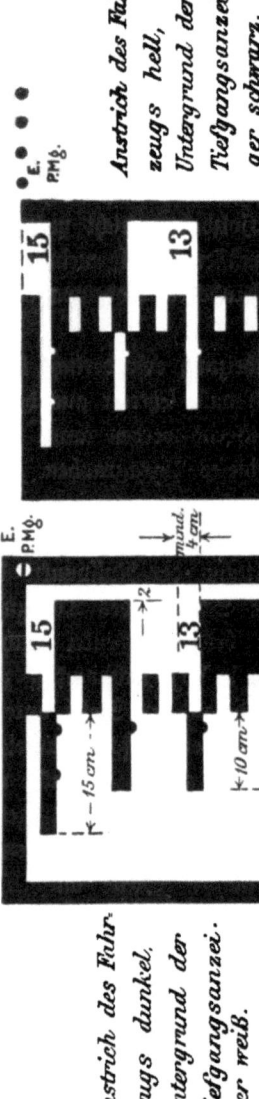

Anstrich des Fahrzeugs dunkel, Untergrund der Tiefgangsanzeiger weiß.

Anstrich des Fahrzeugs hell, Untergrund der Tiefgangsanzeiger schwarz.

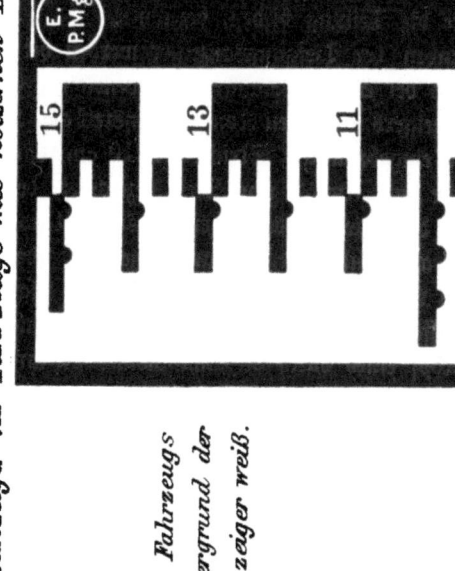

Tiefgangsanzeiger für Fahrzeuge mit hölzernen Bordwänden.

Anstrich des Fahrzeugs dunkel, Untergrund der Tiefgangsanzeiger weiß.

2. Bei Schiffen, an denen der Tiefgangsteiler mit Markierstift wegen starker Neigung der Schiffswand nicht anzuwenden ist, wird die Einteilung der Tiefgangsanzeiger vom Wasserspiegel aufwärts mittels eines senkrecht gehaltenen Meterstocks bestimmt.

3. Die Dezimetermarken der Tiefgangsanzeiger werden bei hölzernen Schiffen durch Eichnägel (schmiedeeiserne Nägel von mindestens 2 cm Schaftlänge mit kegelförmigem Kopfe von 1,2 cm Durchmesser), bei eisernen Schiffen sowie bei Schiffen mit eisernen Borden durch Körnerschläge, deren Mittelpunkte die Teilung bilden, bezeichnet.

Die Enden der Tiefgangsanzeiger werden bei hölzernen Schiffen, und bei eisernen Schiffen, bei denen das Ende eines Tiefgangsanzeigers auf einen Konstruktionsteil aus Holz trifft, durch einen eingebrannten Strich von 10 cm Länge, etwa 3 mm Breite und etwa 5 mm Tiefe bezeichnet, der mit der Grundfarbe des Tiefgangsanzeigers ausgemalt wird. Der Strich wird außerhalb des Tiefgangsanzeigers, aber sich unmittelbar an ihn anschließend, eingebrannt (vgl. Fig. 1). Bei eisernen Schiffen wird das obere Ende der Tiefgangsanzeiger durch den Kopf eines durch die Schiffswand geführten Nietes bezeichnet. Der äußere Kopf des Nietes hat einen Durchmesser von mindestens 15 mm und einen keilförmigen Ausschnitt, der mit dem Ende der Tiefgangsanzeiger zusammenfallen muß. Wo es nicht angängig ist, diese Marke anzubringen, kann das obere Ende der Tiefgangsanzeiger durch 4 Körnerschläge in je 4 cm Entfernung voneinander, die durch Aufbohren mit einem konischen Bohrer bis auf 8 mm Durchmesser und entsprechender Tiefe erweitert werden, bezeichnet werden. Die Bohrungen werden außerhalb des Tiefgangsanzeigers, aber sich unmittelbar an den Tiefgangsanzeiger anschließend, angebracht und mit der Grundfarbe des Tiefgangsanzeigers ausgemalt. Die Mittelpunkte der Bohrungen sollen mit dem Ende des Tiefgangsanzeigers zusammenfallen (vgl. Fig. 1).

4. Zur leichteren Unterscheidung werden die vollen Meter durch drei, die halben Meter durch zwei, die zehntel Meter durch je einen Eichnagel oder Körnerschlag bezeichnet. Eichnägel und Körnerschläge sind auf 5 cm Entfernung von Mitte zu Mitte wagerecht nebeneinander anzuordnen.

5. Das Anmalen der Tiefgangsanzeiger erfolgt nach den Mustern in Fig. 1; auch ist das Anbringen der Eichzeichen in der aus Fig. 1 ersichtlichen Weise auszuführen.

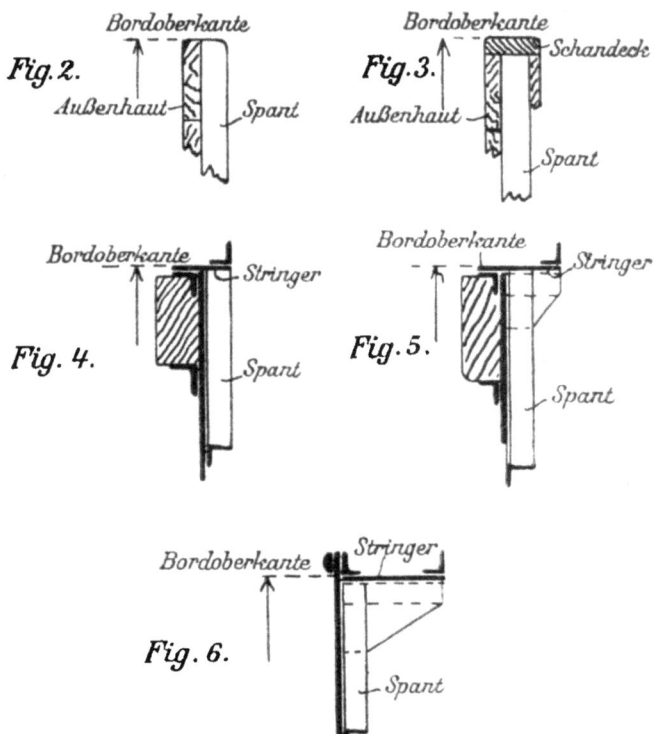

6. Als Bordoberkante ist bei offenen Fahrzeugen, dazu gehören auch die mit abnehmbarer Bedachung, der obere Verlauf jenes obersten Planken- oder Plattenganges anzusehen, der noch durch Spanten gestützt und an ihnen fest angebracht ist. Sind die Spantenköpfe durch ein Schandeck aus Holz oder durch eine Stringerplatte usw. abgedeckt, so wird als Bordoberkante die Oberkante des hölzernen Schandecks oder die Oberfläche der Stringerplatte angesehen (vgl. die Figuren 2 bis 6).

Als Schiffe mit festem Deck im Sinne des § 3 Abs. 4 Satz 3 der Eichordnung sind alle Fahrzeuge anzusehen, die wasserdicht aufgesetzte Lukenscherstöcke haben, wie z. B. Kastenschuten, Leichter usw. Bei solchen Fahrzeugen soll aber auch auf Antrag des Schiffseigners die freie Bordhöhe von der tiefsten Stelle der Oberkante des Decks an der Seite abgesetzt werden, wenn der zur Unterbringung von Gütern verfügbare Raum zur Hälfte oder weniger als zur Hälfte mit einer festen Decke versehen ist.

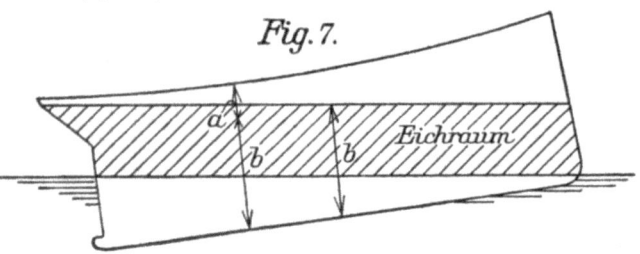

Fig. 7.

Der Abstand der oberen Eichebene vom Boden (Ladetiefe) bei stark steuerlastigen Fahrzeugen (vgl. § 3 Abs. 5) wird bestimmt, indem mit dem Tiefenmaße die kleinste Entfernung (a + b Fig. 7) zwischen Bordoberkante und Boden, soweit letzterer aus der Geraden nicht nach vorn und hinten ansteigt, ermittelt und davon die vorgeschriebene freie Bordhöhe (a) abgezogen wird. Der verbleibende Abstand b (die Ladetiefe) wird an der Stelle, an der der mittelste Tiefgangsanzeiger angebracht wird, mit dem Tiefenmaß abgesetzt. Durch den Endpunkt dieses Abstandes und parallel zum Wasserspiegel wird die obere Eichebene gelegt (Fig. 7). Die vorderen und hinteren Tiefgangsanzeiger werden nicht 20 cm über diese obere Eichebene, sondern nach Bedarf darüber hinausgeführt. Bei den Erkennungsmaßen ist anzugeben, wie hoch die Tiefgangsanzeiger geführt sind.

7. Nach Anbringung und Bezeichnung der Tiefgangsanzeiger wird bei jedem von ihnen die Entfernung zwischen der obersten Marke und der senkrecht darüber liegenden Bordkante ermittelt. Außerdem wird die »größte Länge über alles (Steuerruder nicht inbegriffen)« und die »größte Breite einschließlich der Scheuerleisten« ermittelt. Die gefundenen Maße werden in das Eichprotokoll und in den Eichschein als »Erkennungsmaße« eingetragen.

Zu § 6.
A. Meßgeräte.

1. Bei der Vermessung des Eichraums sind anzuwenden:

I. Zwei Dreimeterstöcke mit festem Messingschuh an jedem Ende und einer Nut von 1 cm Breite und 0,5 cm Tiefe in der Mitte der Vorderseite auf der ganzen Länge.

II. Ein Zweimeterstock, } wie die unter Nr. I bezeichneten
III. Ein Einmeterstock,   } Stöcke eingerichtet.

IV. Ein Meßband von Stahl, 13 bis 20 mm breit und 20 m lang, zum Aufrollen um einen Zylinder eingerichtet und an einem Ende mit einem kleinen Messingringe derart versehen, daß der Anfangspunkt der Längenmaßteilung an der Außenkante des Ringes liegt.

V. Ein Tiefenmaß, bestehend aus zwei Schenkeln von geeigneter Länge. Auf beiden Seiten des einen Schenkels ist eine Zentimeterteilung derart angebracht, daß ihr Nullpunkt mit der inneren Spitze des rechten Winkels des Tiefenmaßes zusammenfällt.

VI. Ein Satz Winkelmaße, bestehend aus:
einem großen Winkelmaße mit Schenkeln von 1,5 und 1 m Länge,
einem mittleren Winkelmaße mit Schenkeln von je 1 m Länge,
einem kleinen Winkelmaße mit Schenkeln von je 0,5 m Länge.

VII. Eine Leine von 20 mm Umfang und genügender Länge.

VIII. Ein Teiler für die Tiefgangsanzeiger zum Absetzen der Marken.

IX. Zwei Leinen von 6 bis 7 mm Umfang und 6 m Länge mit Loten von 1 kg Schwere und Vorrichtung zum Aufrollen.

X. Eine Wasserwage.

XI. Eichstempel (§ 8), und zwar:
a) Brennstempel für hölzerne Schiffe;
b) Schlagstempel aus Gußstahl für eiserne Schiffe.

XII. Ein Körner von zylindrischer Form.

XIII. Eine Handbohrmaschine mit Bohrern von geeigneter Größe.

XIV. Ein Brenneisen zum Einbrennen einer Marke in Holz zur Bezeichnung der Enden der Tiefgangsanzeiger.

XV. Drei Hämmer mit ebener Bahn von 0,5 und 0,75 und 1,25 kg Gewicht.
XVI. Ein stählernes Metermaß von 1 m Länge mit Anschlag zum Prüfen der Längenmaße.
XVII. Ein Kohlenkorb aus Eisenstäben zum Heißmachen der Brenneisen.

2. Jede Eichbehörde muß mindestens mit einem Satze der unter 1 bezeichneten Geräte versehen sein.

3. Die Revisionsbehörden haben in geeigneten Zeitabschnitten, mindestens aber alle fünf Jahre, die Meterstöcke, das Tiefenmaß und den Tiefgangsteiler (Nr. I bis III, V, VIII) mittels des stählernen Metermaßes (Nr. XVI), das Tiefenmaß (Nr. V) mittels der Winkelmaße (Nr. VI) sowie das Meßband (Nr. IV) mittels der Meterstöcke zu prüfen.

Die Prüfung der Meterstöcke mittels des stählernen Metermaßes geschieht wie folgt: Bei den Dreimeterstöcken legt man erst das eine, sodann das andere Ende gegen den Anschlag des Metermaßes und liest den Abstand der nächsten Meterstriche von dem Ende des Metermaßes in Millimetern ab. Hierauf vergleicht man die Länge des mittleren Meterintervalls mit der Länge des Metermaßes, indem man das Intervall an diejenige Seite des mit durchgehenden Teilstrichen versehenen stählernen Metermaßes legt, an welcher kein Anschlag vorhanden ist. Die Summe der Fehler der drei Meterintervalle gibt den Gesamtfehler des Meterstocks.

Die Prüfung der Zwei- und Einmeterstöcke sowie des Tiefgangsteilers (Nr. VIII) erfolgt unter sinngemäßer Anwendung vorstehender Bestimmungen.

Die Prüfung des Meßbandes erfolgt derartig, daß man dasselbe ausrollt und unausgespannt auf eine ebene Unterlage (Brett, Fußboden) hinlegt. Alsdann schiebt man die beiden Dreimeter- und den Zweimeterstock aneinander, bringt sie neben das Meßband und bestimmt mit Berücksichtigung der etwaigen innerhalb der Fehlergrenze sich haltenden Fehler der Meterstöcke, ob die für das Meßband festgesetzte Fehlergrenze eingehalten ist

4. Bei den unter 1 Nr. I bis IV aufgeführten Meßgeräten dürfen die folgenden Abweichungen von der Richtigkeit geduldet werden:

bei Nr. I größte zulässige Abweichung der Gesamtlänge 3 mm,

„ „ II größte zulässige Abweichung der Gesamtlänge 2 mm,

„ „ III größte zulässige Abweichung der Gesamtlänge 2 mm,

„ „ IV größte zulässige Abweichung für je 10 m Länge 1 cm.

Zeigen die Meßgeräte größere als die hiernach zulässigen Abweichungen, so müssen sie so lange außer Gebrauch gesetzt werden, bis sie eine Richtigstellung erfahren haben.

B. Aufnahme der Maße.

1. Über das Eichverfahren wird nach dem anliegenden Muster ein Protokoll aufgenommen, in welches alle zur Eichung gehörigen Maße eingetragen und in welchem alle dazugehörigen Rechnungen und Nebenrechnungen ausgeführt werden.

Anlage I.

2 Alle Maße werden auf Zentimeter abgerundet; Bruchteile der Zentimeter werden, soweit sie 0,5 oder mehr betragen, als ein ganzes Zentimeter gerechnet, kleinere Bruchteile aber unberücksichtigt gelassen.

Die Maße sind derart in das über das Eichverfahren aufzunehmende Protokoll einzutragen, daß die zu den ganzen Metern hinzukommenden Zentimeter als Dezimalstellen hinter die Meterzahlen gesetzt werden (z. B. 3,82 m, 0,25 m usw.).

3. Behufs Aufnahme der Maße wird der Eichraum mittels zweier senkrecht durch die beiden Enden der Leerebene und rechtwinklig zur Längenachse des Schiffes gelegter Querschnitte in drei Abteilungen geteilt. Die Einsenkungsebenen jeder derselben werden für sich vermessen.

4. Vermessung der Einsenkungsebenen der mittleren Abteilung des Eichraums:

a) Die Länge dieser Abteilung wird zwischen den sie begrenzenden beiden Querschnitten parallel zur Längenachse des Schiffes ermittelt. Die Messung erfolgt bei vorhandenem glatten Deck unmittelbar auf diesem, bei anderer Deckform und bei ungedeckten Fahrzeugen an der zu dem Behufe zwischen den beiden höchstgelegenen festen Endpunkten des Schiffes gespannten Leine (A. 1. VII) mittels der Meterstöcke.

b) Die gefundene Länge wird in eine gerade Anzahl gleicher Teile geteilt, deren Länge bei einer Länge der Abteilung bis zu 20 m über 3 m, bei einer Länge der Abteilung von 20 m und mehr über 5 m nicht hinausgehen darf. Die Anzahl der Teile soll nicht größer sein, als zur Durchführung dieser Vorschrift erforderlich ist.

Nachdem mittels eines Meterstocks oder des Meßbandes die einzelnen Teilpunkte abgesetzt sind, wird ihre Lage am Schiffe rechtwinklig zur Längsschiffsebene auf die beiden Bordwände übertragen.

c) Demnächst wird der Ort jedes Teilpunkts auf die darunter durch Kreidestriche bemerkbar gemachten drei zu vermessenden Einsenkungsebenen übertragen.

Mittels einer an jedem Teilpunkt querschiffs über das Fahrzeug gelegten und auf der einen Seite darüber hinausragenden Latte oder, wenn das infolge der Einrichtung des Fahrzeugs umständlich sein sollte, mittels eines Bandmaßes wird in einer sich dazu eignenden Höhe die ganze, von Bord zu Bord sich erstreckende Breite des Fahrzeugs gemessen.

Demnächst wird mittels eines am überragenden Teile der Latte oder eines entsprechend festgehaltenen Auslegers frei herabhängenden Lotes für jeden Teilpunkt der Länge des Fahrzeugs, auf einer seiner Seiten der Unterschied der soeben gemessenen Bordbreite und der Breite an jeder der drei Einsenkungsebenen bestimmt. Unter Verdoppelung dieses Unterschieds findet man je nach der Form des Schiffes durch Addition oder Subtraktion für jeden Teilpunkt der Länge die gesuchten Breiten zwischen den äußeren Bordwänden in jeder der zu messenden drei Einsenkungsebenen.

d) Wenn die Schiffswand (wie bei klinkergebauten Schiffen) Absätze bildet, so wird jeder Abstand der Lotleine von der Bordwand, welcher in die Nähe eines solchen Absatzes fällt, sowohl oberhalb wie unterhalb desselben gemessen und das arithmetische Mittel zwischen beiden Maßen als der wahre Abstand angenommen.

5. Sind hiernach die einzelnen Breiten der die Eichschichten nach oben und nach unten begrenzenden Ebenen für die mittlere Abteilung festgestellt, so werden die Abstände des

Vorder- und Hinterschiffs von dem vorderen beziehungsweise hinteren Querschnitt ermittelt. Zu diesem Zwecke wird das Lot in der Längenachse des Schiffes sowohl in dem vordersten wie dem hintersten festen Punkte des Schiffskörpers oder, wenn erforderlich, an einem Ausleger frei spielend aufgehängt und bei der Aufnahme der Abstände der Lotleine in den einzelnen Einsenkungsebenen ebenso verfahren, wie oben für die Aufnahme der Abstände von den Seitenwänden des Schiffes angegeben ist.

Bei Schiffen mit Steven sind außerdem die Querbreiten der letzteren in der Leerebene, der mittleren Einsenkungsebene und der oberen Eichebene zu messen. Bei Fahrzeugen, welche vorn oder hinten nicht durch einen Steven abgeschlossen sind, müssen die entsprechenden Querbreiten der an Stelle der Steven vorhandenen vorderen und hinteren Schiffsteile ermittelt werden. Ferner wird, wenn die Schiffsform es erfordert, für die obere Eichebene und die mittlere Einsenkungsebene noch eine Zwischenbreite auf halber Länge dieser Ebenen im vorderen und hinteren Eichraum gemessen.

6. Wird die Aufnahme einzelner Breiten durch vorspringende Teile, wie Schaufelräder usw., an der Aufnahmestelle verhindert, so darf die Breitenmessung ausnahmsweise an einer anderen, der vorgeschriebenen möglichst naheliegenden Stelle vorgenommen werden. In solchen Fällen muß jedoch stets eine Berichtigung der aufgenommenen Maße, der Form des Schiffes entsprechend, erfolgen.

C. Berechnung des Flächeninhalts der einzelnen die Eich= schichten begrenzenden Ebenen.

1. Die Berechnungen sind in demselben Protokoll auszuführen, in welchem die Maße verzeichnet sind (B. 1).

2. Jedes Protokoll ist nach Beendigung aller darin vorzunehmenden Berechnungen und Aufzeichnungen von der Eichbehörde zu unterzeichnen.

3. Alle Rechnungen sind mit 3 Dezimalstellen durchzuführen, und zwar ist die dritte Dezimalstelle um 1 zu erhöhen, wenn die darauf folgende vierte Stelle 5 oder mehr beträgt.

4. Die Berechnung der einzelnen Einsenkungsebenen erfolgt in nachstehender Weise:

Bei der Leerebene werden die gemessenen Breiten, vom Vorderteile des Schiffes anfangend, fortlaufend mit 1, 2, 3, 4, 5 usw. bezeichnet und der Reihe nach mit 1, 4, 2, 4, 2, 4 ..... 4, 1 multipliziert. Die Summe dieser Produkte multipliziert mit dem dritten Teile des gemeinsamen Abstandes der Längenteilpunkte voneinander ergibt den Flächeninhalt der Leerebene in Quadratmetern.

Die Flächeninhalte der übrigen Einsenkungsebenen setzen sich aus dem Inhalt ihrer in den drei Abteilungen des Eichraums befindlichen Teile zusammen. Die Ermittlung des Inhalts der in der mittleren Eichraumabteilung befindlichen Teile jeder dieser Ebenen erfolgt in der für die Leerebene vorgeschriebenen Weise, während die beiden anderen Teile je nach ihrer Form als Dreiecke, Trapeze oder von krummen Linien begrenzte Flächenstücke berechnet werden. Im letzteren Falle werden die drei Breiten (s. oben B. 5 Abs. 2) mit 1, 4, 1 multipliziert, die Produkte addiert, und sodann wird durch Multiplikation dieser Summe mit dem dritten Teile des Abstandes dieser Breiten voneinander der Flächeninhalt gefunden. Im Falle eines Dreiecks oder Trapezes wird die Summe der zwei Breiten mit der Hälfte des Abstandes dieser Breiten multipliziert. Die Summe der Inhalte der drei Teile einer Einsenkungsebene ist der Flächeninhalt der letzteren.

D. Berechnung des Eichraums.

1. Die Berechnung des Inhalts des ganzen Eichraums erfolgt demnächst in der Weise, daß der ganze Flächeninhalt der Leerebene mit 1, der der mittleren Einsenkungsebene mit 4, der der oberen Eichebene mit 1 multipliziert und die Summe dieser Produkte mit $^1/_3$ des gemeinsamen Abstandes der genannten drei Einsenkungsebenen voneinander multipliziert wird.

Das Ergebnis dieser Rechnung ist der Inhalt des ganzen Eichraums in Kubikmetern oder Tonnen.

2. Der Inhalt der oberen, zwischen der mittleren Einsenkungs- und der oberen Eichebene befindlichen Eichschicht wird gefunden, indem man die halbe Summe des ganzen Flächeninhalts jeder dieser beiden Haupteinsenkungsebenen mit ihrem Abstand voneinander multipliziert.

3. Den Inhalt der unteren, zwischen der Leer- und der mittleren Einsenkungsebene befindlichen Eichschicht erhält man, indem man vom Inhalt des ganzen Eichraums den der oberen Eichschicht subtrahiert.

Zu § 8 Abf. 1.

1. Zur Feststellung der Belastung, welche jeder im § 8 der Eichordnung vorgesehenen Eintauchung des Eichraums entspricht, wird der Raumgehalt einer jeden Eichschicht durch die halbe Anzahl der Zentimeter ihrer Höhe geteilt. Der Quotient gilt als die Belastung für je 2 cm der Eintauchung. Im Eichschein ist diese Belastung bis zur oberen Eichebene tabellarisch nachzuweisen.

2. Wenn die Eintauchung eines Schiffes nicht mit einer Marke des Tiefgangsanzeigers zusammenfällt, sondern zwischen

zwei Marken liegt, so ist sie bis auf 2 cm genau festzustellen wobei Maße unter 1 cm unberücksichtigt bleiben, größere aber als zwei volle Zentimeter angenommen werden.

3. Ist die Eintauchung eines Schiffes nicht an sämtlichen sechs Tiefgangsanzeigern gleich, so wird die Summe der Angaben von allen sechs Anzeigern durch sechs geteilt. Die gefundene Zahl gilt dann als Eintauchung des Schiffes.

Zu § 8 Abs. 2 und 3.

1. Das Eichzeichen wird bei hölzernen Schiffen mit dem Brennstempel eingebrannt, bei eisernen Schiffen sowie bei Schiffen mit eisernen Borden mit einem der Schlagstempel eingeschlagen.

2. Die Buchstaben und Ziffern der Eichzeichen müssen in großer lateinischer Schrift 1 cm hoch nach dem folgenden Muster angeordnet sein:

3. Die Inschrift am Schiffe ist neben oder unter dem Namen des Schiffes oder dem Namen und Geschäftssitz des Eigentümers nach folgendem Muster

| 320 t | E. |
| Nr. 322 | P. Mg. |

in deutlich lesbarer Schrift von mindestens 15 cm Höhe der kleinsten Buchstaben und Ziffern, deren Grundstrichbreite nicht unter ein Fünftel der Höhe betragen soll, mit haltbarer Farbe hell auf dunkel oder dunkel auf hell gemaltem Grunde des Schildes anzubringen.

4. Der Eichschein wird nach dem angeschlossenen Muster *Anlage II.* ausgefertigt und wie jeder spätere Vermerk darin von der Eichbehörde unterzeichnet.

Zu § 9.

Die Ungültigkeitserklärung wird von der sie aussprechenden Eichbehörde durch das von der Revisionsbehörde bestimmte öffentliche Blatt bekanntgemacht. Die Eichbehörden haben von dieser Ungültigkeitserklärung Kenntnis zu nehmen.

Zu § 10.

Wird die Eichprüfung eines Fahrzeugs von einer Eichbehörde ausgeführt, welche die Eichung oder die letzte Eichprüfung nicht ausgeführt hatte, so sind die Akten des Fahrzeugs von der Behörde zu erbitten, bei welcher das letzte Verfahren vor sich gegangen ist. Die Akten bleiben bis zur nächsten Eichung oder Eichprüfung im Besitze derjenigen Behörde, bei welcher die letzte Eichung oder die letzte Eichprüfung erfolgt ist.

Zu § 12.

Die Eichbehörden haben Verzeichnisse zu führen, in welche die Ergebnisse der Eichungen und Eichprüfungen unter fortlaufender, nicht in jedem Jahre mit 1 beginnender Nummer einzutragen sind.

Alle auf die vorgenommenen Messungen und Berechnungen bezüglichen Aufzeichnungen sowie die zurückgelieferten Eichscheine erhalten dieselbe Nummer und sind aufzubewahren.

Anlage I.

Schiffseichbehörde   Eingetragen unter lfd. Nr. ....
zu ....   des Verzeichnisses der Eichungen und
                  Eichprüfungen.

Protokoll

über die auf Grund der Eichordnung vom .... erfolgte Eichung und die ausgeführten Eichprüfungen des nachstehend bezeichneten Schiffes.

1. Schiffsgattung ....
2. Schiffsname und Bezeichnung ....
3. Heimatsort ....
4. Erbauungszeit ....
5. Erbauungsort ....
6. Name des Eigners ....
7. Bauart ....
8. Material des Bodens ....
9. Material der Vorwände ....
10. » » Bodenstücke ....
11. » » Spanten ....
12. Art der Eindeckung ....
13. Art und indizierte Pferdestärke der Maschine ....
14. Art und Zahl der Kessel, Arbeitsdruck ....
15. Größe der festen Kohlenbehälter ....

Anmerkung. Bei Ausfüllung des vorstehenden Vordrucks ist anzugeben unter:
1. Ob Schrauben-, Seiten-, Hinterraddampfer, Schraubenschiff mit Verbrennungsmotor usw., Segelschiff, Schleppschiff, eventuell welche ortsübliche Bezeichnung wie: Oberkahn, Kurkahn, Lomme, Stevenkahn, Kaffenkahn, Kastenschute, Leichter usw.
2. Am Schiffe angebrachter Name und Bezeichnung, z. B. »Elise.« »Kette 34.«
4. Monat und Jahr des ersten Zuwasserlaufens.
7. Ob mit Kiel oder flachem Boden, Klinker oder Karveel.
8. bis 11. Ob Holz, Eisen, Stahl.
12. Ob mit festem Deck, mit loser Bedachung oder ohne Bedachung.

Erkennungsmaße.

Größte Länge über alles (Steuerruder nicht inbegriffen) .... m
Größte Breite einschließlich der Scheuerleisten .... m
Senkrechter Abstand des festen Bordes von der obersten Marke:
     bei dem Tiefgangsanzeiger vorn rechts ...... m, vorn links ...... m
     » » » in der Mitte rechts ...... m, in der Mitte links ...... m
     » » » hinten rechts ...... m, hinten links ...... m

Grundmaße der Eichung.

Die Leerebene liegt über dem Nullpunkt des Tiefgangsanzeigers:

vorn { rechts ...... m / links ...... m }   Mitte { rechts ...... m / links ...... m }   hinten { rechts ...... m / links ...... m }

$$\text{Leertiefe im Durchschnitt} \frac{\quad\quad\quad}{6} = \text{...... m}$$

Höhe des Eichraums .... m
Die obere Eichebene liegt über den Nullpunkten der Tiefgangsanzeiger
     (Ladetiefe) im Durchschnitt .... m

Berechnungen.

I. Berechnung der Flächeninhalte der 3 Einsenkungsebenen.

A. In der mittleren Abteilung des Eichraums, d. h. in der Länge der Leerebene.

Die Länge dieser Abteilung beträgt .... m, sie ist gemäß zu § 6 B Ziffer 4 unter b der Ausführungsbestimmungen in .... Teile geteilt.
Der gemeinsame Abstand der aufzumessenden Breiten beträgt daher .... m

Nummern der Breiten der Einsenkungsebene	Faktor	Leerebene		Mittlere Einsenkungsebene		Obere Eichebene	
		Breiten	Produkte	Breiten	Produkte	Breiten	Produkte
1	1						
2	4						
3	2						
4	4						
5	2						
6	4						
7	2						
8	4						
9	2						
10	4						
11	2						
12	4						
13	2						
14	4						
15	2						
16	4						
17	1						
Summe der Produkte							
$1/3$ des gemeinsamen Abstandes der Breiten							
Inhalt des mittleren Teiles der Einsenkungsebene in Quadratmeter							

B. Inhalt der mittleren Einsenkungs-ebene in der vorderen und hinteren Abteilung des Eichraums.

a. Vorderer Teil.

Länge .... m

		Faktor	Produkt
Vordere Breite	m	1	
Mittlere »	m	4	
Hintere »	m	1	

Summe der Produkte...

$1/2$ oder $1/3$*) des Abstandes dieser Breiten voneinander, d. h. $1/2$ oder $1/6$ der Länge dieses Teils

Inhalt dieses Teils .... qm

b. Hinterer Teil.

Länge .... m

		Faktor	Produkt
Vordere Breite	m	1	
Mittlere »	m	4	
Hintere »	m	1	

Summe der Produkte...

$1/2$ oder $1/3$*) des Abstandes dieser Breiten voneinander, d. h. $1/2$ oder $1/6$ der Länge dieses Teils

Inhalt dieses Teils .... qm

C. Inhalt der oberen Eichebene in der vorderen und hinteren Abteilung des Eichraums.

a. Vorderer Teil.

Länge .... m

		Faktor	Produkt
Vordere Breite	m	1	
Mittlere »	m	4	
Hintere »	m	1	

Summe der Produkte...

$1/2$ oder $1/3$*) des Abstandes dieser Breiten voneinander, d. h. $1/2$ oder $1/6$ der Länge dieses Teils

Inhalt dieses Teils .... qm

b. Hinterer Teil.

Länge .... m

		Faktor	Produkt
Vordere Breite	m	1	
Mittlere »	m	4	
Hintere »	m	1	

Summe der Produkte...

$1/2$ oder $1/3$*) des Abstandes dieser Breiten voneinander, d. h. $1/2$ oder $1/6$ der Länge dieses Teils

Inhalt dieses Teils .... qm

*) Ob der Faktor $1/2$ oder $1/3$ zu nehmen ist, richtet sich nach der Ausführungsbestimmung zu § 6 C Ziffer 4.

D. Gesamtinhalt der mittleren Einsenkungsebene.

Vorderer Teil .... qm
Mittlerer » .... »
Hinterer » .... »

Summe... qm

E. Gesamtinhalt der oberen Eichebene.

Vorderer Teil .... qm
Mittlerer » .... »
Hinterer » .... »

Summe... qm

II. Berechnung des ganzen Eichraums.

	Faktor	Produkt
Inhalt der Leerebene	qm 1	....
Inhalt der mittleren Einsenkungsebene	» 4	....
Inhalt der oberen Eichebene	» 1	....

Summe der Produkte ....
$1/3$ des Abstandes der (Haupt-) Einsenkungsebenen voneinander ....

Inhalt des ganzen Eichraums .... cbm
oder Tragfähigkeit des Schiffes bis zur oberen Eichebene .. .. Tonnen
Tragfähigkeit bis zur oberen Eichebene, abgerundet nach § 8
der Eichordnung .... Tonnen.

III. Berechnung der oberen Eichschicht,

d. h. zwischen der mittleren Einsenkungs- und der oberen Eichebene.

Inhalt der oberen Eichebene .... qm
Inhalt der mittleren Einsenkungsebene .... »

Summe ....
$1/2$ Summe ....
Abstand der Einsenkungsebenen voneinander .... m

Inhalt der oberen Eichschicht .... cbm
Mittlerer Inhalt dieser Eich- $\Big\} = \dfrac{\text{Inhalt dieser Schicht}}{\text{halbe Höhe der Eichschicht in Zentimeter}} = $ .... Tonnen.
schicht für je 2 cm Einsenkung

IV. Berechnung der unteren Eichschicht,

d. h. zwischen der mittleren Einsenkungs- und Leerebene.

Inhalt des Gesamteichraums .... cbm
Inhalt der oberen Eichschicht .... »

Inhalt der unteren Eichschicht .... cbm
Mittlerer Inhalt dieser Eich- $\Big\} = \dfrac{\text{Inhalt dieser Schicht}}{\text{halbe Höhe der Eichschicht in Zentimeter}} = $ .... Tonnen.
schicht für je 2 cm Einsenkung

V. Berechnung des Völligkeitskoeffizienten des Eichraums.

Gesamtlänge der oberen Eichebene .... m
Größte Breite des Eichraums .... m
Höhe des Eichraums .... m
Gesamtlänge der oberen Eichebene × größte Breite des Eichraums ×
Höhe des Eichraums = ... · .... cbm
Dieses Produkt ist gleich dem Inhalt des dem Eichraum umschriebenen Parallelepipedons.
Mithin:
Völligkeitskoeffizient $\Big\} = \dfrac{\text{Tragfähigkeit des Schiffes bis zur oberen Eichebene}}{\text{Inhalt des dem Eichraum umschriebenen Parallelepipedons}} = 0,$..........
des Eichraums

VI. Nachweis der Tragfähigkeit.

Mittlerer Tiefgang	Tragfähigkeit	Mittlerer Tiefgang	Tragfähigkeit	Mittlerer Tiefgang	Tragfähigkeit	Mittlerer Tiefgang	Tragfähigkeit	Mittlerer Tiefgang	Tragfähigkeit
Meter	Tonnen	Meter	Tonnen	Meter	Tonnen	Meter	Tonnen	Meter	Tonnen

Mittlerer Tiefgang Meter	Trag- fähigkeit Tonnen	Mittlerer Tiefgang Meter	Trag- fähigkeit Tonnen	Mittlerer Tiefgang Meter	Trag- fähigkeit Tonnen	Mittlerer Tiefgang Meter	Trag- fähigkeit Tonnen	Mittlerer Tiefgang Meter	Trag- fähigkeit Tonnen

Die Eichung dieses Schiffes wurde durch ....
.... erforderlich.
Sie wurde am .... zu .... ausgeführt.

.... , den ‗‗ten‗‗ .... 19.......

(Siegel.)

Schiffseichbehörde.
(Unterschrift.)

1. Eichprüfung.

Die Eichprüfung dieses Schiffes wurde durch ....
.... erforderlich. Sie wurde
am .... zu .... ausgeführt und ergab:

1. Bauliche Änderungen seit der Eichung, die auf deren Ergebnis Einfluß haben:

....

2.*) Das $\frac{\text{Fehlen*)}}{\text{Vorhandensein*)}}$ der Tiefgangsanzeiger in einem solchen Umfang, daß sie für
die weitere Untersuchung ....
benutzt werden konnten.

Nach § 10 Abs. 2 war daher $\frac{\text{eine*)}}{\text{keine*)}}$ Neueichung erforderlich.

3.*) Die Leerebene (Schwimmebene) lag auf nachstehenden durch die Tiefgangsanzeiger angezeigten Tiefgängen:

vorn $\begin{cases} \text{rechts} .... \text{m} \\ \text{links} .... \text{m} \end{cases}$ Mitte $\begin{cases} \text{rechts} .... \text{m} \\ \text{links} .... \text{m} \end{cases}$ hinten $\begin{cases} \text{rechts} .... \text{m} \\ \text{links} .... \text{m} \end{cases}$

Im Durchschnitt . . . $\frac{..........}{6}$ = ... m

Der Leertiefgang im Durchschnitt ist im Eichschein angegeben mit .... m

Der Leertiefgang ist daher $\frac{\text{größer*)}}{\text{kleiner*)}}$ geworden im Durchschnitt . . . . m

*) Nach § 10 Abs. 4 wurde daher der Nachweis der Tragfähigkeit, die Grund-
maße der Eichung und die Tragfähigkeit bis zur oberen Eichebene im Eichprotokoll
geändert und ein neuer Eichschein ausgefertigt.

*) Ein Antrag des Schiffseigners oder Schiffers auf Änderung des Nachweises usw.
sowie auf Neuausfertigung des Eichscheins (§ 10 Abs. 5) lag .... vor.

Es wurde daher $\frac{\text{das Eichprotokoll geändert*)}}{\text{das Ergebnis der Eichprüfung im Eichschein vermerkt*)}}$ und $\frac{\text{ein*)}}{\text{kein*)}}$ neuer
Eichschein ausgefertigt.

4. Es wurde $\frac{\text{ein*)}}{\text{kein*)}}$ Antrag auf Höherlegung der oberen Eichebene gestellt, die
.... so wesentlich war, daß aus diesem Grunde eine Neueichung er-
forderlich wurde*).

.........................., den .... $\underline{\text{ten}}$ .... 19......

(Siegel.)

Schiffseichbehörde.
(Unterschrift.)

---
*) Nicht in Betracht kommendes ist zu durchstreichen.

2. Eichprüfung.

Die Eichprüfung dieses Schiffes wurde durch ....
.... erforderlich. Sie wurde
am .... zu .... ausgeführt und ergab:

1. Bauliche Änderungen seit der Eichung oder Eichprüfung, die auf deren Er-
gebnis Einfluß haben: ....
....

2.*) Das $\frac{\text{Fehlen*)}}{\text{Vorhandensein*)}}$ der Tiefgangsanzeiger in einem solchen Umfang, daß sie für
die weitere Untersuchung ....
benutzt werden konnten.
Nach § 10 Abs. 2 war daher $\frac{\text{eine*)}}{\text{keine*)}}$ Neueichung erforderlich.

3.*) Die Leerebene (Schwimmebene) lag auf nachstehenden durch die Tiefgangsanzeiger angezeigten Tiefgängen:

vorn $\begin{cases} \text{rechts} \ldots\ldots \text{ m} \\ \text{links} \ldots\ldots \text{ m} \end{cases}$ Mitte $\begin{cases} \text{rechts} \ldots\ldots \text{ m} \\ \text{links} \ldots\ldots \text{ m} \end{cases}$ hinten $\begin{cases} \text{rechts} \ldots\ldots \text{ m} \\ \text{links} \ldots\ldots \text{ m} \end{cases}$

Im Durchschnitt . . . $\frac{\ldots\ldots\ldots}{6}$ = ... m

Der Leertiefgang im Durchschnitt ist im Eichschein angegeben mit .... m

Der Leertiefgang ist daher $\frac{\text{größer*)}}{\text{kleiner*)}}$ geworden im Durchschnitt . . . . m

*) Nach § 10 Abs. 4 wurde daher der Nachweis der Tragfähigkeit, die Grund-
maße der Eichung und die Tragfähigkeit bis zur oberen Eichebene im Eichprotokoll
geändert und ein neuer Eichschein ausgefertigt.

*) Ein Antrag des Schiffseigners oder Schiffers auf Änderung des Nachweises usw.
sowie auf Neuausfertigung des Eichscheins (§ 10 Abs. 5) lag .... vor.

Es wurde daher $\frac{\text{das Eichprotokoll geändert*)}}{\text{das Ergebnis der Eichprüfung im Eichschein vermerkt*)}}$ und $\frac{\text{ein*)}}{\text{kein*)}}$ neuer
Eichschein ausgefertigt.

4. Es wurde $\frac{\text{ein*)}}{\text{kein*)}}$ Antrag auf Höherlegung der oberen Eichebene gestellt, die
.... so wesentlich war, daß aus diesem Grunde eine Neueichung erforderlich wurde*).

..........................., den ....$\frac{\text{ten}}{}$........... 19.......

(Siegel.)

Schiffseichbehörde.

(Unterschrift.)

---

*) Nicht in Betracht kommendes ist zu durchstreichen.

3. Eichprüfung.

Die Eichprüfung dieses Schiffes wurde durch ....
.... erforderlich. Sie wurde
am .... zu .... ausgeführt und ergab:

1. Bauliche Änderungen seit der Eichung oder Eichprüfung, die auf deren Ergebnis Einfluß haben: ....
....

2.*) Das $\frac{\text{fehlen*}}{\text{Vorhandensein*}}$ der Tiefgangsanzeiger in einem solchen Umfang, daß sie für die weitere Untersuchung .... benutzt werden konnten.

Nach § 10 Abs. 2 war daher $\frac{\text{eine*}}{\text{keine*}}$ Neueichung erforderlich.

3.*) Die Leerebene (Schwimmebene) lag auf nachstehenden durch die Tiefgangsanzeiger angezeigten Tiefgängen:

vorn { rechts .... m   Mitte { rechts .... m   hinten { rechts .... m
      { links .... m   { links .... m   { links .... m

Im Durchschnitt . . . $\frac{\quad\quad\quad}{6} =$ ...... m

Der Leertiefgang im Durchschnitt ist im Eichschein angegeben mit . ... m

Der Leertiefgang ist daher $\frac{\text{größer*}}{\text{kleiner*}}$ geworden im Durchschnitt . . . . m

*) Nach § 10 Abs. 4 wurde daher der Nachweis der Tragfähigkeit, die Grundmaße der Eichung und die Tragfähigkeit bis zur oberen Eichebene im Eichprotokoll geändert und ein neuer Eichschein ausgefertigt.

*) Ein Antrag des Schiffseigners oder Schiffers auf Änderung des Nachweises usw. sowie auf Neuausfertigung des Eichscheins (§ 10 Abs. 5) lag .... vor.

Es wurde daher $\frac{\text{das Eichprotokoll geändert*}}{\text{das Ergebnis der Eichprüfung im Eichschein vermerkt*}}$ und $\frac{\text{ein*}}{\text{kein*}}$ neuer Eichschein ausgefertigt.

4. Es wurde $\frac{\text{ein*}}{\text{kein*}}$ Antrag auf Höherlegung der oberen Eichebene gestellt, die .... so wesentlich war, daß aus diesem Grunde eine Neueichung erforderlich wurde*).

........................, den ....$\frac{\text{ten}}{}$....... 19.......

(Siegel.)

Schiffseichbehörde.

(Unterschrift.)

---

*) Nicht in Betracht kommendes ist zu durchstreichen.

(Innere Seite des Deckels.) Anlage II.

Zur Beachtung.

1. Nach § 9 der Eichordnung muß spätestens 3 Monate nach Vollendung jedes Umbaues, nach jeder größeren Ausbesserung des Schiffes sowie nach jeder größeren Beschädigung oder Beseitigung der Tiefgangsanzeiger oder der aufgestempelten Eichzeichen das Schiff einer Eichprüfung unterzogen werden.

2. Eichscheine von zumeist aus Holz gebauten Schiffen sind nur 5 Jahre, Eichscheine von zumeist aus Eisen gebauten Schiffen nur 10 Jahre gültig. Die Schiffe sind daher vor Ablauf der im Eichschein bei den Hauptangaben unter 1. 2. und 1. 4. angegebenen Gültigkeitsdauer zur Eichprüfung bei einer Eichbehörde zu stellen.

3. Ungültig gewordene Eichscheine sind zurückzugeben, geschieht das nicht, so werden sie öffentlich ungültig erklärt. Die Kosten der Veröffentlichung werden vom Schiffseigentümer dann eingezogen, wenn ein neuer Eichschein ausgestellt worden ist.

4. Eichscheine zerschlagener Fahrzeuge sind von ihrem letzten Eigentümer an die Schiffseichbehörde, die das Fahrzeug zuletzt eichte oder prüfte, zurückzugeben.

(Der Eichschein wird mit festem Deckel versehen.)

Deutsches Reich.

Eichschein

für das nachstehend bezeichnete Schiff.

Schiffsgattung: ....
Schiffsname und Bezeichnung: ....
Heimatsort: ....
Erbauungsjahr und Ort: ....
Bauart: ....
Hauptbaumaterial: ....
Art der Eindeckung: ....

1. Hauptangaben.

1. Die Tragfähigkeit des Schiffes bis zur oberen Eichebene abgerundet*) auf ganze Tonnen beträgt .... Tonnen.

2. Dieser Eichschein ist gültig bis zum ....
....

3. Die Eichung ist in das Verzeichnis der Eichungen und Eichprüfungen eingetragen unter Nr. .... zu ....

4. Der Eichschein bleibt gültig:
auf Grund der Eichprüfung vom .... 19...... bis
zum .... 19......,
auf Grund der Eichprüfung vom .... 19...... bis
zum .... 19.......

---

*) Angefangene Tonnen werden voll gerechnet.

2. Erkennungsmaße.

Größte Länge über alles (Steuerruder nicht inbegriffen) ... . m
Größte Breite einschließlich der Scheuerleisten .... m
Senkrechter Abstand des festen Bordes von der obersten Marke:
bei dem Tiefgangsanzeiger vorn rechts .... m, vorn links .... m
» » » in der Mitte rechts .... m, in der Mitte links .... m
» » » hinten rechts..... .... m, hinten links.... .... m

3. Grundmaße der Eichung.

Die Leerebene liegt über dem Nullpunkt der Tiefgangsanzeiger:

vorn $\begin{cases} \text{rechts} \ldots\ldots \text{ m} \\ \text{links} \ldots\ldots \text{ m} \end{cases}$ Mitte $\begin{cases} \text{rechts} \ldots\ldots \text{ m} \\ \text{links} \ldots\ldots \text{ m} \end{cases}$ hinten $\begin{cases} \text{rechts} \ldots\ldots \text{ m} \\ \text{links} \ldots\ldots \text{ m} \end{cases}$

Leertiefe daher im Durchschnitt....... .... m
Höhe des Eichraums................................. .... m
Die obere Eichebene liegt über den Nullpunkten der Tiefgangs-
anzeiger (Ladetiefe) im Durchschnitt .... m

4. Ergebnis der Eichprüfung.

Bei der Eichprüfung vom .... 19...... war der
Leertiefgang $\frac{\text{größer*)}}{\text{kleiner*)}}$ um .... m im Durchschnitt.

Bei der Eichprüfung vom .... 19...... war der
Leertiefgang $\frac{\text{größer*)}}{\text{kleiner*)}}$ um .... m im Durchschnitt.

---

*) Nicht in Betracht kommendes ist zu durchstreichen.

Aufgemessene Längen und Breiten.

Länge der Leerebene, also der mittleren Abteilung des Eichraums m

Leerebene	Breiten der		
	mittleren Einsenkungsebene in der mittleren Abteilung des Eichraums		oberen Eichebene
1 =		1 =	1 =
2 = , 3 =	2 =	3 =	2 = 3 =
4 = , 5 =	4 =	5 =	4 = 5 =
6 = , 7 =	6 =	7 =	6 = 7 =
8 = , 9 =	8 =	9 =	8 = 9 =
10 = , 11 =	10 =	11 =	10 = 11 =
12 = , 13 =	12 =	13 =	12 = 13 =
14 = , 15 =	14 =	15 =	14 = 15 =
16 = ,	16 =		16 =
17 =		17 =	17 =

Mittlere Einsenkungsebene.

a. Vorderer Teil.

Länge .... m
Vordere Breite .... m
Eventuelle mittlere Breite .... m
Hintere Breite .... m

b. Hinterer Teil.

Länge .... m
Vordere Breite .... m
Eventuelle mittlere Breite .... m
Hintere Breite .... m

Obere Eichebene.

a. Vorderer Teil.

Länge .... m
Vordere Breite .... m
Eventuelle mittlere Breite .... m
Hintere Breite .... m

b. Hinterer Teil.

Länge .... m
Vordere Breite .... m
Eventuelle mittlere Breite .... m
Hintere Breite .... m

Völligkeitskoeffizient des Eichraums = 0,

Nachweis der Tragfähigkeit.

Mittlerer Tiefgang Meter	Tragfähigkeit Tonnen	Mittlerer Tiefgang Meter	Tragfähigkeit Tonnen	Mittlerer Tiefgang Meter	Tragfähigkeit Tonnen

Nachweis der Tragfähigkeit.

Mittlerer Tiefgang Meter	Tragfähigkeit Tonnen	Mittlerer Tiefgang Meter	Tragfähigkeit Tonnen	Mittlerer Tiefgang Meter	Tragfähigkeit Tonnen

Tragfähigkeit des Schiffes bis zur oberen Eichebene, abgerundet nach § 8 der Eichordnung . . . . Tonnen.

Auf Grund der am .... ten .... 19........

zu .... beendeten $\dfrac{\text{Eichung*)}}{\text{Eichprüfung*)}}$ wird dieser Eichschein ausgefertigt.

.................................., den .... ten .... 19........

Siegel.

Schiffseichbehörde.
(Unterschrift.)

Die Eichprüfung wurde am .... ten .... 19........

zu .... vorgenommen infolge ....

....

ihre Ergebnisse sind Seite 2 dieses Eichscheins, ihre Vornahme ist in das Verzeichnis der Eichungen und Eichprüfungen unter lfd. Nr. ....

der Eichbehörde zu .... eingetragen.

.................................., den .... ten .... 19........

Siegel.

Schiffseichbehörde.
(Unterschrift.)

---

*) Nicht in Betracht kommendes ist zu durchstreichen.

Die Eichprüfung wurde am .... ten .... 19........

zu .... vorgenommen infolge ....

....

ihre Ergebnisse sind Seite 2 dieses Eichscheins, ihre Vornahme ist in das Verzeichnis der Eichungen und Eichprüfungen unter lfd. Nr. ....
der Eichbehörde zu .... eingetragen.

........................, den .... ten .... 19........

Schiffseichbehörde.

(Unterschrift.)

Siegel.

MIX
Papier aus verantwortungsvollen Quellen
Paper from responsible sources
FSC® C105338

If you have any concerns about our products,
you can contact us on
ProductSafety@springernature.com

In case Publisher is established outside the EU,
the EU authorized representative is:
**Springer Nature Customer Service Center GmbH
Europaplatz 3, 69115 Heidelberg, Germany**

Printed by Libri Plureos GmbH
in Hamburg, Germany